U0156386

恒星的故事

美国世界图书出版公司（World Book, Inc.）著

舒丽苹　译

机械工业出版社
CHINA MACHINE PRESS

数万年来，美丽的星空令人们如痴如醉，然而绝大多数人并不了解那些闪烁的星星，他们只能猜测那些未知天体的真实情形。它们真的是夜幕上的针孔吗？它们真的是神祇留下的神迹吗？它们离地球有多远？寿命有多长？为什么只有在夜晚我们才能看见它们？为什么我们看到的它们都是一闪一闪的？它们的体积有多大？为什么会发光？今时今日，科学家们已经能够运用地面或空间天文望远镜来观测和研究恒星，这些数量更多、功能更强大的科研仪器，能够给我们提供更多关于恒星形成、生存、毁灭的关键信息，让我们一起来了解恒星的故事吧！

北京市版权局著作权合同登记　图字：01-2019-2312号。

图书在版编目（CIP）数据

恒星的故事 / 美国世界图书出版公司著；舒丽苹译 .——
北京：机械工业出版社，2019.6（2023.10重印）
书名原文：Stars–The Inside Story
ISBN 978-7-111-63048-7

Ⅰ.①恒… Ⅱ.①美…②舒… Ⅲ.①恒星 – 青少年
读物 Ⅳ.①P152-49

中国版本图书馆 CIP 数据核字（2019）第 124556 号

机械工业出版社（北京市百万庄大街22号　邮政编码100037）
策划编辑：赵 屹 责任编辑：赵 屹 韩沐言
责任校对：孙丽萍 责任印制：孙 炜
北京利丰雅高长城印刷有限公司印刷
2023年10月第1版第10次印刷
203mm×254mm・4印张・2插页・56千字
标准书号：ISBN 978-7-111-63048-7
定价：49.00元

电话服务　　　　　　　网络服务
客服电话：010-88361066　机 工 官 网：www.cmpbook.com
　　　　　010-88379833　机 工 官 博：weibo.com/cmp1952
　　　　　010-68326294　金 书 网：www.golden-book.com
封底无防伪标均为盗版　机工教育服务网：www.cmpedu.com

目 录

序

作为一名在天文领域从事研究二十余年的天文科研人员而言，很高兴近些年有很多不错的天文学作品出现，我一直关注这些作品，特别是科普作品。在过去的几年当中，也做了一些关于天文领域的科普宣传，很高兴能为天文学的科普事业做些事，如今受机械工业出版社的编辑邀请，为这套天文书写推荐序，我感到十分荣幸。

德国的伟大哲学家康德曾经说过："有两种东西，我对它们的思考越是深沉和持久，它们在我心灵中唤起的惊奇和敬畏就会日新月异，不断增长，这就是我头上的星空和心中的道德定律。"我以前碰到过一个资深的国际知名学术期刊的编辑，他说自己曾经做过统计，90%的小朋友对于两样事物很感兴趣，那就是星空和恐龙。无论对于成人还是孩子，了解星空的奥秘可以说是人类心中最原始的一种愿望。

这是一套包含了天文基本知识介绍并且图文并茂的书籍，从最想了解的宇宙知识到银河、再到恒星以及它们的故事，比如宇宙有多大？宇宙是如何产生的？望远镜可以看多远？什么是暗能量？什么是暗物质？等等。凡是我们通常有的疑问，几乎都可以在这套天文书中找到答案。

回想我自己对天文知识的学习，其实还是蛮不易的。小时候同其他的小朋友一样，对于天文很感兴趣，但是在书籍匮乏和经济落后的西北小镇，几乎没有太多的渠道获取最新的天文知识，听到的时常是各种科学谣言，也就是一些天文学名词外加编造出来的故事，很多时候，这些发生在天体当中的事情被说得玄而又玄。在这种情况下，我对天文学的兴趣还能保留下来，之后还考入南京大学系统学习天文学，现在想来着实不易。看了这套书，我时常在想，如果我能够像现在的孩子一样，在我最想了解星空的时候，拥有一套类似这样的天文书，将是何等幸福和满足，在愿望最强烈的时候得到科学的指引，也许能碰撞出更不一样的火花。愿这套书籍能够在读者最想了解星空的时候，帮助读者解答心中的疑惑，坚定理想，对未来充满希望。

尽管这套书针对的读者对象是青少年，不过对于那些同样对星空充满好奇心的成人而言，这套书也是非常不错的选择，是一套可以用来入门的轻松的天文读物，是可以家庭共享的一套书籍。

好书是良师更是益友，希望读者能够开卷受益。

苟利军

中国科学院国家天文台研究员
中国科学院大学天文学教授
《中国国家天文》杂志执行总编

 前言

劳尔·祖里塔是智利诗人、文学家，他曾经将那些照亮地球黑暗夜空的星星比作"夜幕上的针孔"。数万年来，美丽的夜空令人们如痴如醉，然而绝大多数人并不了解那些闪烁的星星，他们只能猜测那些未知天体的真实情形。它们真的是夜幕上的针孔吗？它们真的是神祇留下的神迹吗？

随着望远镜的出现，科学家们开始探索这些发光球体的科学性质，而地球上万物的主宰——太阳，则理所当然地成为人类的首要研究目标。今时今日，科学家们已经能够运用地面或空间天文望远镜来观测和研究恒星，这些数量更多、功能更强大的科研仪器，能够给我们提供更多关于恒星形成、生存、毁灭的关键信息。当然，迄今为止，恒星对于人类来说依然还有许多待解的谜团。

这是哈勃空间望远镜所拍摄到的一幅图像，它捕捉到了一系列新生的亮蓝色恒星。这些恒星形成于由尘埃和气体组成的星云中。本图中便是被命名为 NGC 3603 的星云。

"能源工厂"

太阳是一颗恒星，但它只是银河系内数千亿颗恒星中的一员。与其他所有恒星相同的是，太阳所释放出来的绝大部分能量，都是以我们能够看到的光的形式存在的，天文学家们将这一类光称为可见光。至于人类皮肤所感受到的太阳的热量，则是另外一种被称作红外线的能量形式。此外，一种被称作紫外线且无法被人类肉眼所见的能量形式，能够晒黑我们的皮肤。除了可见光、红外线和紫外线之外，恒星还能释放出 X 射线、无线电波以及其他各种形式的能量。实际上，包括可见光、不可见光在内，很多恒星都能够释放出光谱中所有能量形式的电磁辐射，这些能量以光子的形式在宇宙空间中传播。光子在真空中以光速运动，它每秒能够传播约 29.98 万公里。

恒星的分类

恒星的体积各不相同，这也正是天文学家用以给这些发光天体进行分类的最重要标准之一。除了体积之外，恒星的质量和亮度也各不相同。此外，恒星有红色的，也有蓝色的，其颜色取决于其自身的表面温度。

恒星的"社交属性"

通常情况下，恒星都是成群存在的，具体数量从数十颗到数百万颗不等。而恒星群的集合则是星系，星系堪称宇宙中最为重要的结构和组成单位。太阳以及我们地球所处的这个太阳系都属于银河系。在天气晴朗的夜晚，人们能够看到一条白色光带横亘于夜空，那正是我们银河系的一部分。

船底星云距离地球大约 7500 光年，在那里，一系列明亮的大质量恒星先后形成。本图是一张由哈勃空间望远镜所拍摄到的图像，图中箭头所示位置是船底星云中视星等排名次席的恒星，实际上它是一颗相对较小的恒星。这颗恒星之所以看起来与船底星云中其他大质量恒星亮度相仿，甚至略胜一筹，最重要的原因是该恒星比其他同星云恒星距离地球更近。

所谓恒星，是指那种能够在宇宙空间中释放出巨大能量的天体。

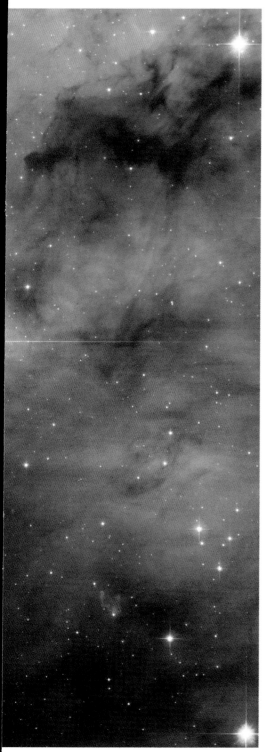

地球上所有沙滩上沙粒的总和，都要比宇宙中恒星的数目少很多。

参宿七是一颗巨大的恒星，在地球的夜空中，它位于猎户座"左脚"的位置。参宿七距离地球大约 863 光年。

恒星与行星、卫星之间有什么区别？

关键区别——质量

恒星能够发光、发热，而行星则不能，造成两者这一区别的最根本原因是恒星和行星的质量存在巨大的差异。在浩瀚无垠的宇宙空间中，一个天体得以成功转变成为恒星的唯一途径，就是吸聚、吞噬大量的物质。在我们所处的这个太阳系中，木星是最大的行星，然而即便是木星，在其形成的过程中，也没有能够收集到足够多的物质，因此它无法转变成为恒星。

恒星通过核聚变反应来产生能量。在核聚变反应的过程中，两个原子的原子核结合在一起，形成一个新的原子核。核聚变反应能够将原子核的物质质量转化为能量。在宇宙空间中，只有某个天体的质量达到了一定的级别，并因此拥有了强大引力场的情况下，才能够发生核聚变反应。恒星的引力增加了其核心内部的压力和热量，当压力、热量足够大时，核心内部就会开始发生核聚变反应。当宇宙空间中的某个天体能够维持其核心的核聚变反应时，

人们之所以能够在地球上看到新月以及金星（位于月亮右下方的明亮天体），是因为这两个天体都能够反射太阳发出的光。从本质上来说，月球和金星都无法自己发出可见光。

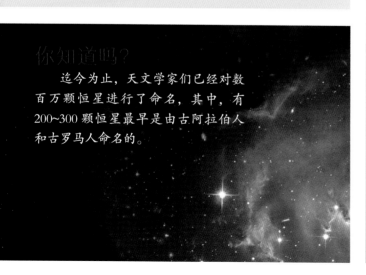

你知道吗？

迄今为止，天文学家们已经对数百万颗恒星进行了命名，其中，有200~300颗恒星最早是由古阿拉伯人和古罗马人命名的。

我们就将其称为恒星。

"进阶"失败者

客观地说，太阳并不是一颗非常大的恒星；相对而言，太阳这个级别的恒星，其内部的质量和引力都比较有限。在宇宙空间中，

天文学家们已经发现了一类"进阶"恒星失败的天体，这一类被称为褐矮星的天体的质量能够超过木星很多倍，尽管如此，它们依然未能吸聚、吞噬掉足够多的物质，也因而不能转变成为恒星。与太阳不同的是，褐矮星无法维持自身的核聚变反应。

本图下方中间位置是褐矮星 TWA 5B，这一类天体被视为是"进阶"恒星失败的天体。通常情况下，褐矮星要比太阳小很多，不过这一类天体的质量通常能够达到木星（太阳系内最大行星）的 15~75 倍。

木星

褐矮星 TWA 5B

太阳

无穷无尽

在晴朗的夜晚，如果一个人在远离城市灯光的地方仰望星空的话，那么他可以看到大约3000颗星星。不过，这个数字只是宇宙中恒星数目的沧海一粟：仅仅是在银河系内，恒星的数目就已经达到了数千亿颗之多。为了统计宇宙中的恒星数目，天文学家在一个特定空域内绘制了可见恒星的星图；接下来，他们通过一个计算公式来估算不可见恒星与可见恒星的数目比例，然后将二者求和；最后，天文学家将这个特定空域内估算出来的恒星数目乘以宇宙中空域的个数，就得出了大体上的恒星数目。

多种原因共同作用的结果，使得计算恒星数目的难度非常高。首先，即便是使用最为先进的地面、空间望远镜，天文学家们也绝不可能在宇宙中的某一部分看到该空域内所有的恒星和星系。此外，某些恒星被巨大的尘埃／气体云所遮挡，另外一些恒星则距离地球实在太遥远，因此天文学家们无法统计出这两类恒星的具体数目。还有就是，由于距离过于遥远，某些星系看起来更像是一个模糊不清的光斑，因此，仅靠该星系的大小和亮度，天文学家们

星团 NGC 290 是一个由新恒星组成的区域，该星团位于银河系外一个名为小麦哲伦的星云中。

宇宙中的恒星是如此之多，以至于天文学家们或许永远都不可能知道它们确切的数目。

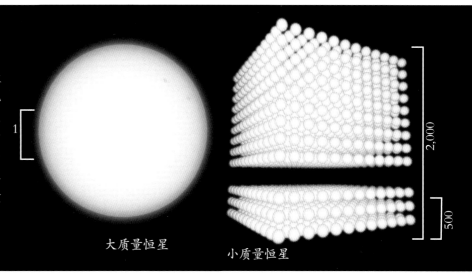

星系演化探测器是美国国家航空航天局发射的一个空间探测器，根据它所收集到的数据，宇宙中恒星的数量似乎要比天文学家之前预计的还要更多。此前天文学家们预计，宇宙中大、小质量恒星的数目之比约为1：500；然而星系演化探测器发现，每颗大质量恒星至少应该对应2000颗小质量恒星。

大质量恒星

小质量恒星

只能粗略地估算，而无法具体得知其内部包含的恒星数目。更加重要的是，恒星前赴后继地在毁灭，而新恒星也在不断地形成，因此任何一个星系内恒星的数目都是随时在变动的，这也给天文学家们统计宇宙中恒星的数目增加了难度。最后就是，我们在夜空中所看到的美丽星光，有可能已经在宇宙空间中穿行了数十亿年，因此当我们"看到"这些恒星时，实际上它们很可能已经不复存在了。

恒星数目：7×10^{22}

尽管面对着这样或者那样的困难和挑战，天文学家依然对宇宙中恒星的数目进行了估算。2003年，据澳大利亚和苏格兰的研究团队估计，宇宙中总共拥有7×10^{22}颗恒星。这个数字有多大？它代表着7后面跟着22个0。实际上，这个数字也只是反映出了那些能够被天文学家通过天文望远镜"看到"的恒星数目，至于宇宙中恒星确切的数目，或许人类永远都无法知道。

你知道吗？

如果你能够将7×10^{22}张纸一张一张地摞在一起的话，那么这些纸张的厚度总和将达到地球与太阳之间往返距离的1900万倍。

太阳是哪一种类型的恒星?

"星到中年"

在太阳系的范围内,即便是面对体积最大的行星——木星,太阳也同样拥有压倒性的优势和统治力。具体来说,太阳的体积大约是木星的 1000 倍。在银河系内,只有不到 5% 的恒星比太阳体积更大、亮度更高。

然而,与其他已知的恒星相比,太阳就不算什么了。举例来说,一颗名叫心大星(即心宿二)的遥远恒星,其直径大约是太阳的 700 倍。实际上,其他种类的恒星大多都要比太阳大上许多。

当然,与那些体积最小的恒星相比,太阳绝对算得上是一位"巨人"。天文学家们将体积最小的一类恒星命名为中子星,这一类天体的半径(半径 = 圆心或者球体中心到其外边缘的距离)大约只有 10 公里,而太阳的半径,则达到了 69.6 万公里。

哪怕是以温度和亮度来衡量,太阳在所有恒星中也显得非常"平庸"。某些恒星的亮

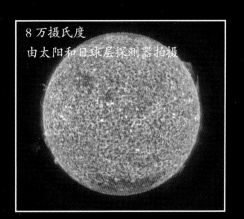

8 万摄氏度
由太阳和日球层探测器拍摄

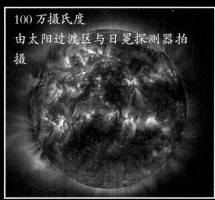

100 万摄氏度
由太阳过渡区与日冕探测器拍摄

150 万摄氏度
由太阳和日球层探测器拍摄

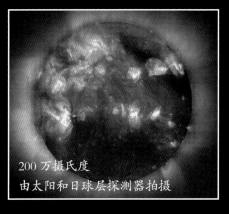

200 万摄氏度
由太阳和日球层探测器拍摄

通过运用不同波长紫外光所拍摄到的图像,科学家们能够得到有关于太阳日冕(外层)中不同气体温度的相关信息,这些信息能够帮助天文学家们研究日冕的组成成分。

与其他已知的恒星相比较，太阳是一颗常规体积的恒星；除了体积之外，太阳的亮度和温度也相当"平庸"。

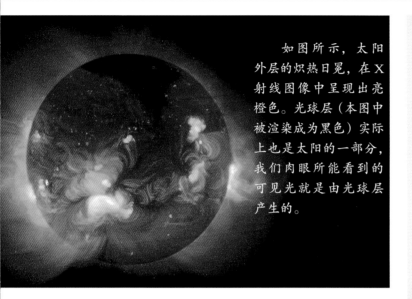

如图所示，太阳外层的炽热日冕，在X射线图像中呈现出亮橙色。光球层（本图中被渲染成为黑色）实际上也是太阳的一部分，我们肉眼所能看到的可见光就是由光球层产生的。

度能够达到太阳的 10 万倍以上；当然，也有一些恒星的亮度还不到太阳的万分之一。温度方面，宇宙中存在着一些比太阳更热的恒星，这一类天体通常呈蓝色；当然，也存在比太阳温度更低、颜色更红的恒星。

太阳特殊的一面

与银河系内的其他恒星相比，太阳在某些方面显得特立独行。比如，银河系内的绝大多数已知恒星，都是双星系统中的一员。所谓双星系统，指的是两颗恒星在相互之间的引力作用下，彼此围绕对方进行轨道运动。科学家们认为，在宇宙中，有 50%~75% 的已知恒星都是双星系统中的一员，而太阳则不属于任何一个双星系统，这也正是其特别之处。

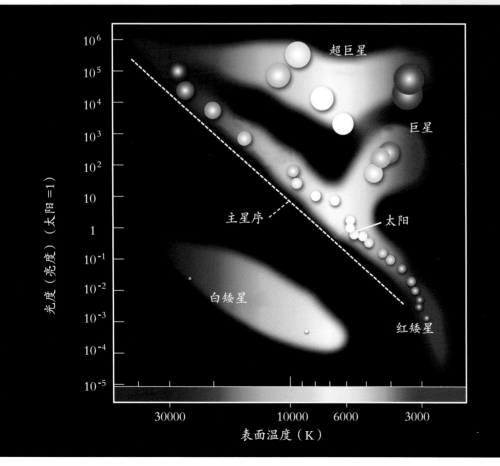

在赫茨普龙－罗素图（赫罗图）中，天文学家能够展示出恒星的表面温度与其光度（亮度）之间的关系。

这是距离的差异所产生的结果

在地球上的白天，太阳看起来像一个巨大的黄色发光球体；而在夜空中，其他恒星——即便是那些比太阳大得多的恒星——都仅仅是一个光点而已。这到底是为什么呢？实际上，地球与不同恒星之间距离的差异，正是太阳看起来与其他恒星截然不同的最根本原因。众所周知，距离会对我们看到的结果产生影响。举例来说，在夜晚的道路上，来自对面方向汽车车头位置的前大灯，会随着汽车距离观测者越近显得越大；而当汽车距离观测者较远时，其前大灯看起来会显得更小一些。回到前面的问题，距离会影响到我们对于恒星的观感：太阳是距离地球最近的恒星，因此它看起来当然要比其他恒星大得多——要知道，除了太阳之外，

宇宙中的恒星如恒河沙数，然而只有距离地球最近且足够近的太阳，才能在人们的视野中呈现出一个黄色球体的形象。在人类看来，除了太阳之外，其他所有恒星都只不过是一个个的亮点而已。

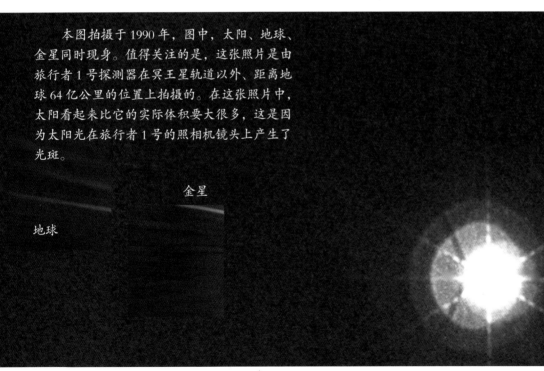

本图拍摄于 1990 年，图中，太阳、地球、金星同时现身。值得关注的是，这张照片是由旅行者 1 号探测器在冥王星轨道以外、距离地球 64 亿公里的位置上拍摄的。在这张照片中，太阳看起来比它的实际体积要大很多，这是因为太阳光在旅行者 1 号的照相机镜头上产生了光斑。

金星

地球

离我们最近的恒星到太阳系的距离也是太阳到地球距离的 27 万倍。

月亮和太阳一样大?

众所周知,月球是地球的卫星,通常情况下,它"看起来"与太阳大小相差不大。但实际上,太阳的直径大约是月亮的 400 倍;而太阳到地球的距离,也比月球到地球远了大约 400 倍。因此,当观测者从地球上观测太阳和月亮时,会觉得这两个天体的大小差不多。

海王星上的白天

在太阳系内,海王星是距离太阳最为遥远的行星,它与太阳之间的距离,是日地距离的 30 倍。可以想象,如果观测者站在海王星上看太阳,那么这个中心恒星的大小,恐怕也和地球夜空中明亮的星星差不多。而如果观测者从距离太阳最近的行星——水星上观测太阳的话,那么太阳肯定像是一个巨大的火球,其尺寸肯定要比从地球上看到的太阳大得多。

这是一幅由艺术家创作的插图。如图所示,从矮行星塞德娜上观测,太阳与其他恒星并无二致,它也仅仅是一个亮点而已。塞德娜是太阳系中已知的距离中心恒星最为遥远的天体,它距离地球大约有 130 亿公里;其与太阳之间的距离,则是海王星与太阳之间距离的 3 倍。

光的速度

在宇宙空间中，光的直线传播速度大约为29.98万公里/秒。在读者读完前面一句话的短短时间里，从太阳发射出的光芒就已经在宇宙空间中穿行了数百万公里了。太阳与地球之间的距离大约为1.5亿公里；也就是说，从太阳发出的光，需要至少8分钟才能抵达地球。

光年

光在一年的时间里所能直线传播的距离，就等于1光年。光年是一个距离单位，1光年约等于9.46万亿公里。通常情况下，天文学家在描述地球与恒星之间、恒星与恒星之间距离的时候，都会使用光年这个距离单位。

比邻星是距离太阳最近的恒星，这两颗恒星之间的距离大约为4.2光年。如果宇航员乘坐时速1600公里的宇宙飞船飞向比邻星的话，那么他们将需要280万年的漫长岁月，才能抵达目的地。

而比邻星也仅仅是距离太阳和地球最近的一颗恒星而已。要知道，很多恒星距离地球相当遥远，它们发出的光，要经过数百万年，甚至是数十亿年的时间，才能最终抵达地球。当我们在晴朗的夜晚仰望星空时，实际上看到的只是那些恒星的历史，因为那些可见光在被人类肉眼感知到之前，已经在宇宙空间中穿行了千百万年，甚至是数十亿年。换句话说，迄今为止，人类依然无法清楚地知道在那些遥远的恒星上，"此时此刻"正在发生着什么。这是因为，当那些恒星"现在"发出的光抵达我们所在的这个空域的时候，太阳和地球可能都已经不复存在了。

通过运用一种名为视差的测量方法，天文学家们能够确定某颗近地恒星与地球之间的距离。所谓视差，指的是当我们从地球公转轨道上的两点观测同一颗恒星时，该天体在天空中位置的角度存在的一个差异。1个天文单位（AU）指的是太阳到地球的平均距离，约为1.5亿公里。

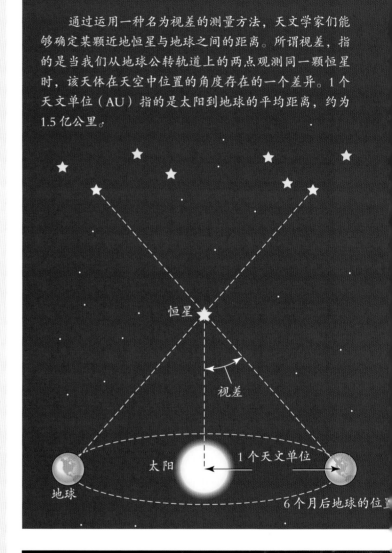

恒星

视差

地球

太阳

1个天文单位

6个月后地球的位置

你知道吗？

在地球的夜空中，天狼星是最为明亮的一颗恒星，它是少数几颗由古希腊人命名的恒星之一。在希腊语中，天狼星的名字为Sirius，意思是烧焦。

除了太阳之外，所有恒星都距离地球非常遥远，这些天体所发出的光，
至少要经过数年的时间才能抵达地球。

今天我们所看到的星系 NGC 908，是它 6500 万年前的样子；换句话说，6500 万年前星系 NGC 908 所发出的光，到现如今才抵达地球。要知道，6500 万年前，恐龙还是地球上的霸主。

双星——交相辉映

在浩瀚无垠的宇宙中，似乎绝大多数恒星都会拥有一个"旅伴"——我们称之为伴星。或许太阳是一个例外，因为它距离最近的恒星也有数光年之遥。值得一提的是，距离太阳第2、第3近的恒星，分别为半人马座α星A、半人马座α星B，这两颗恒星便组成了一个双星系统。所谓双星，指的是两颗恒星彼此围绕对方进行轨道运行，如满足这一条件，那么这两颗恒星便都是双星系统中的一部分。在某些双星系统中，两颗恒星之间的距离，甚至要比地球和太阳之间的距离还要更近；而在另外一些双星系统中，两颗恒星之间的距离，则要比海王星到太阳的距离还要远上很多倍。值得一提的是，在某些双星系统中，会存在一个特殊的恒星，甚至有可能两颗恒星都非同寻常，比如中子星或者黑洞。除了双星系统之外，天文学家甚至还曾经发现过包含三颗恒星的系统。实际上，我们在夜空中看到的那些独个恒星，有一半都是双星系统中的恒星。

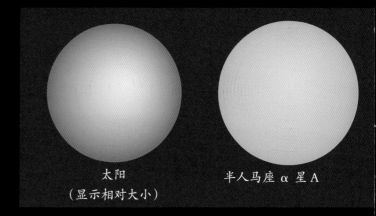

太阳
（显示相对大小）

半人马座α星A

▲　半人马座α星系统（如上图）由A星、B星、C星总共三颗恒星共同组成，它们是地球在宇宙中最近的恒星邻居。半人马座α星A、半人马座α星B共同组成了一个双星系统，它们彼此围绕对方运行。而比邻星则是半人马座α星系统中距离地球最近的一颗恒星，它很可能拥有一个大质量的、引力场强悍的邻居。当然，迄今为止，科学家们对此依然无法给出最终的结论。

天鹅座β双星系统（右图）位于天鹅星座，它距离地球大约380光年。在地球上以人类肉眼看来，天鹅座β双星系统似乎是一颗明亮的恒星。

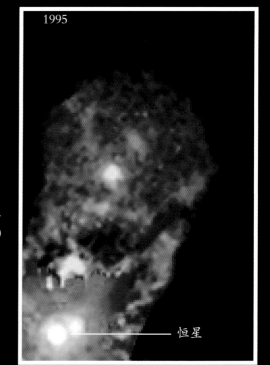

1995

恒星

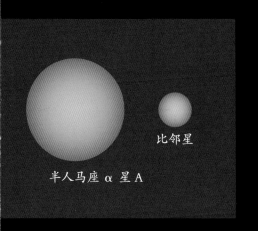

比邻星

半人马座 α 星 A

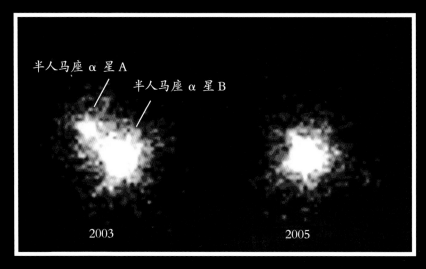

半人马座 α 星 A

半人马座 α 星 B

2003

2005

▲ 半人马座 α 星 A 的亮度变幻莫测。上图左侧是
2003 年拍摄的一张 X 射线照片，当时半人马座 α 星 A
似乎是半人马座 α 星 B 的一颗昏暗伴星；而上图右侧则
是 2005 年拍摄的另外一张照片，当时半人马座 α 星 A
似乎是彻底消失了。目前，天文学家正在分析研究半人
马座 α 星 A 亮度变化的原因。

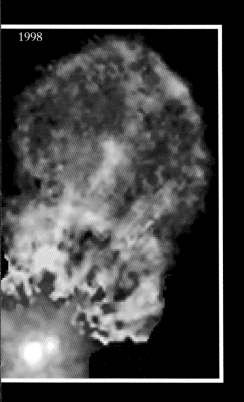

1998

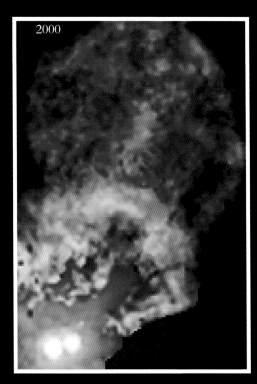

2000

这是哈勃空间望远镜在长
达五年的时间里所拍摄到的一
组系列照片。金牛座 XZ 双星
系统是一个非常年轻的双星系
统，如左图所示，它向宇宙空
间喷射出了一团巨大的炽热气
体云。大约 30 年前，金牛座
XZ 双星系统开始向外喷射出气
体云，目前该气体云已经在宇
宙空间中绵延了将近 960 亿公
里。时至今日，天文学家们依
然无法理解，为何这些恒星能
够喷射出如此多的气体云。

恒星的寿命有多长？

与人类相同的是，恒星也有其固有的寿命周期。通常情况下，一颗恒星会以它特有的方式经历"婴儿期""青年期""成熟期""老年期"等阶段，并且最终走上毁灭的"不归路"。对于一颗恒星来说，其寿命直接取决于它的质量。

太阳"正值中年"

太阳是一颗中等质量的恒星，它的寿命大约为 100 亿年。截止到目前，太阳内部依然还有足够多的"燃料"来维持核聚变反应的进行，因此在未来相当长的一段时间里，它还能够继续发光、发热。天文学家们估计，太阳还能够继续闪耀大约

光的演进

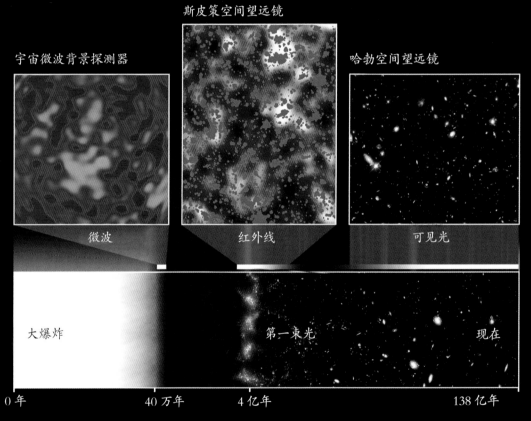

斯皮策空间望远镜

宇宙微波背景探测器

哈勃空间望远镜

微波   红外线   可见光

大爆炸   第一束光   现在

0 年   40 万年   4 亿年   138 亿年

时至今日，由宇宙大爆炸所产生的最古老的光子，依然以宇宙微波背景的形式在太空中移动。

这是由斯皮策空间望远镜所拍摄到的照片，它捕捉到了宇宙历史上由第一批恒星发出的光。

哈勃空间望远镜捕捉到了宇宙中最早形成的某些星系的图像。

50亿年的时间。

当太阳内部的所有氢元素都通过核聚变反应转变成为氦元素之后，引力的作用将会把更多的物质拽入它的核心，这样的压缩效应会导致其核心及其附近区域的温度进一步上升，随后，氢元素的核聚变反应将会在核心周围的一层薄壳中进行。值得关注的是，这一类的核聚变反应会产生一种巨大的外向推力，太阳的外层会因此而发生剧烈的膨胀。随着外层温度的逐渐下降，太阳的颜色会变得越来越红；而在太阳表面积极度扩张之后，它会变得更加明亮。接下来，太阳会变成一颗红巨星，在其膨胀的过程中，它将依次摧毁水星、金星，甚至连人类所在的地球都难逃一死。随着时间的推移，太阳会坍缩成为一颗白矮星，而其终极归宿，则是逐渐冷却，并且变成一颗黑矮星。

大质量恒星的"一生"

大质量恒星的形成过程非常迅速，不过这一类天体的寿命通常都比较短，它们有可能只能存在数百万年。当核心内部的氢元素都通过核聚变反应转变成为氦元素之后，这些大质量恒星会坍缩成为一个体积非常小的球形天体，然后发生剧烈的爆炸。这一过程被天文学家命名为超新星爆发。值得关注的是，在逐渐消失之前，超新星爆发能够在宇宙中产生惊人的亮度，其亮度甚至能够达到太阳的数十亿倍。

小质量恒星的"一生"

与大质量恒星相比，小质量恒星消耗氢元素的速度要慢得多，以至于它们的寿命能够延续上百亿年，甚至是上万亿年。值得关注的是，小质量恒星上万亿年的预期寿命，已经比宇宙目前的年龄还要更长了。众所周知，天文学家们认为从宇宙大爆炸至今，总共也才过去了138亿年而已。因此天文学家们普遍认为，迄今为止，依然还没有任何一颗小质量恒星因为燃料耗尽而毁灭。

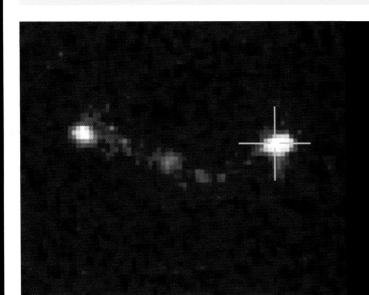

这是一张由哈勃空间望远镜所拍摄到的图像，图中是一次伽马射线爆发（GRB）的情形。天文学家们坚信一点，那就是伽马射线爆发通常只能持续数秒钟的时间，它是一类由超大质量恒星爆炸所引发的高能事件。此外，天文学家们还明确指出，绝大多数的此类恒星，都要比任何现存的恒星大得多，它们形成于宇宙历史的早期。

什么是星座？

古老的名字

早在人类历史最初的那段岁月里，人们就已经开始通过某些特定的图像和图案，来识别和划分夜空中的星星，这些用来识别星星的图像和图案，被命名为星座。在晴朗的夜空，北半球的天文学家们可以轻而易举地看到北斗七星，那是大熊座的一部分。北斗七星由 7 颗恒星组成，它们组成了一个长柄勺子的形状。至于南半球的天文学家们，则可以轻松地看到夜空中的南十字座，该星座的明亮恒星组成了一个十字架的形状。实际上，这些恒星组合并没有任何实际意义，而且即便是同一个星座内的恒星，相互之间的距离也都是非常遥远的。只

不过，以地球上观测者的视角来看，这些恒星的距离看起来很近，这主要是因为它们所发出的光来自于同一个空域。

现代星座

现代天文学家们依然在利用星座来定位夜空中的恒星。国际天文学联合会（IAU）是当今世界上官方的天体命名机构，目前总共有 88 个星座得到了该机构的正式承认，这些星座分布在地球的夜空中。在大多数情况下，在某个特定的星座中，最亮的那颗恒星的名字中都含有 α（阿尔法，希腊字母表中的第一个字母）。比如，织女星（Vega）是天琴座（Lyra）中最

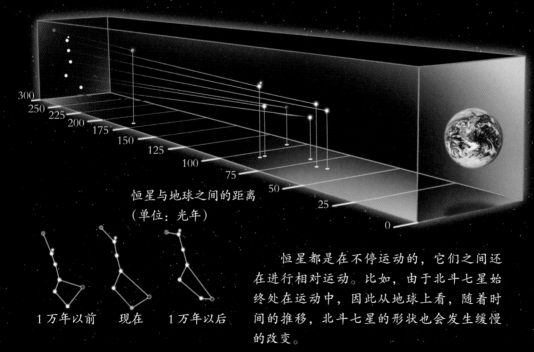

恒星与地球之间的距离
（单位：光年）

300 250 225 200 175 150 125 100 75 50 25 0

1 万年以前　　现在　　1 万年以后

恒星都是在不停运动的，它们之间还在进行相对运动。比如，由于北斗七星始终处在运动中，因此从地球上看，随着时间的推移，北斗七星的形状也会发生缓慢的改变。

某个星座内的所有恒星，看起来与地球之间的距离大体相同，然而事实却并非如此。大熊座的北斗七星，分别距离地球大约 60 光年至 210 光年，然而它们看起来与地球距离相等。人们之所以会产生这样的错觉，是因为同一个星座内的恒星距离地球都非常遥远；此外，它们还都出现在地球夜空中的同一片空域。

所谓星座，指的是地球夜空中某一特定空域内，人们可以看到的一组具有特殊形状的恒星。

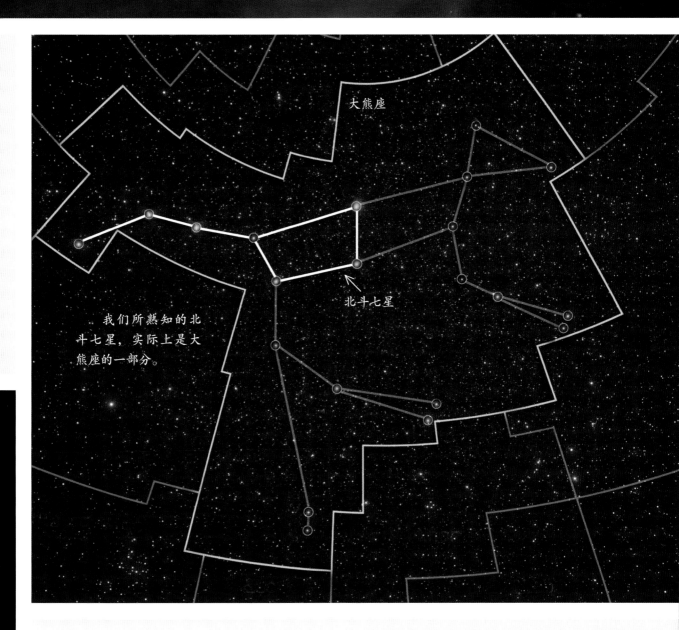

大熊座

北斗七星

我们所熟知的北斗七星，实际上是大熊座的一部分。

为明亮的那颗恒星，因此其学术名称便为天琴座 α 星（Alpha Lyrae，Lyrae 是希腊语中天琴座的意思）。

人类已知的恒星数目是如此巨大，以至于国际天文学联合会不得不对那些新发现的恒星使用另外一套命名系统。具体来说，这些新发现恒星的名称，通常都由一个缩写和一组符号共同组成。在这套命名系统中，缩写或者代表该恒星的类型，或者列出了该恒星信息的目录；而符号则代表着该恒星在天空中的位置。

为什么星座会随着纬度、季节的改变而发生变化？

对于地球上的天文学家们来说，夜空是变幻莫测的，这主要是因为，天文学家们在地球上所处的位置不同，在一年中所选取的观测时间也不同，这些都会对他们的观测结果产生极为深远的影响。

与太阳和月亮类似的是，星座似乎也每天从地平线上升起、从地平线上落下。实际上，人们之所以会有这样的观感，最重要的原因是地球在不停地进行着自转（围绕地轴的旋转运动）。除了地球的自转之外，纬度和季节的改变，也会影响观测者对于星座的观感。

纬度的影响

所谓纬度，指的是地球表面某点相对于赤道的位置。通俗地说，就是该点向南或者是向北偏离赤道这一假想参考线的角度。加拿大是一个位于北半球的国家，在那里，人们所看到的夜空与新西兰人所看到的夜空截然不同——众所周知，新西兰是

观测者能够看到哪些星座，取决于他在地球上的具体位置；此外，四季的更迭也会影响人们观测星座，这是因为，在地球围绕太阳进行公转的过程中，地轴与太阳之间的位置和角度关系都会发生改变。

一个南半球国家。简而言之，人们在不同的位置、以不同的视角观测夜空，他们所看到的情景是有所区别的。

季节的影响

地球一直在围绕太阳进行公转，然而地球的地轴并非垂直于公转平面，两者之间存在着一个夹角，这个夹角直接造成了地球上存在着春、夏、秋、冬四个季节。实际上，地轴并非真正存在，它只是人类假想的一根穿过南北两极的虚拟轴线。在地球围绕太阳进行公转的过程中，当北半球由于地轴的倾斜而更加靠近太阳时，这个半球就处于夏季，同期的南半球则处于冬季；6个月之后，当轮到南半球更加靠近太阳时，南半球就处在夏季，而同期的北半球则处于冬季。除了导致四季更替之外，地轴的倾斜还改变了人们在地球上观测夜空的角度，也正是由于这样的一个原因，某些星座才只会在某些季节出现在夜空中。举例来说，美国北部的人们把猎户座视为一个冬季星座，因为它似乎只在深秋之后才会"爬出"南方的地平线——每年的12月到次年1月，是美国北部观测者观测猎户座的绝佳时间段。

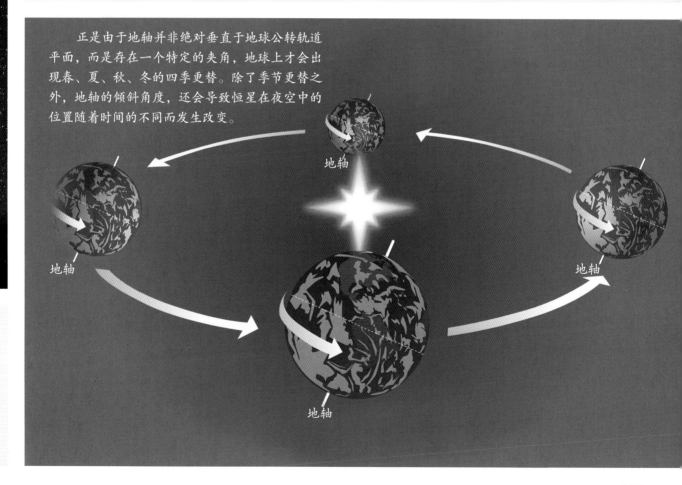

正是由于地轴并非绝对垂直于地球公转轨道平面，而是存在一个特定的夹角，地球上才会出现春、夏、秋、冬的四季更替。除了季节更替之外，地轴的倾斜角度，还会导致恒星在夜空中的位置随着时间的不同而发生改变。

地轴

地轴

地轴

地轴

水母星云的正式名称为IC 443星云，它是由数万年前一颗爆炸恒星的残骸所形成的。如右侧插图所示，那次剧烈的超新星爆发留下了一颗中子星。

中子星是恒星在发生超新星爆发之后可能成为的终点之一，这一类天体的密度高得惊人。数据显示，1汤匙中子星物质的质量，便抵得上地球上3000艘航空母舰的总和。中子星有几种不同的形式：某些中子星被称为脉冲星，这一类中子星能够释放出无线电波，而当它们旋转时，其释放出的无线电波能够扫过整个宇宙空间。所有中子星的磁场强度都非常强悍，它们中的一部分甚至被称为磁星。天文学家们普遍认为，磁星是宇宙空间中磁场强度最高的天体。某些天文学家坚信在失去某些特质的同时，中子星也能够进化并发展出全新的属性。比如，某些中子星有可能会突然停止向外界释放无线电波，并且转而开始发射X射线。

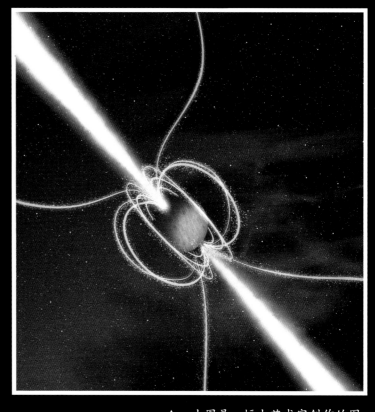

▲ 上图是一幅由艺术家创作的图片，如图所示，一颗中子星能够从两个相反的方向上产生强大的能量喷射流（白色粗线）；此外，这一类天体的磁性非常强，并且能够产生强大的磁场（蓝色细线）。本图中的中子星可以被归类为脉冲星。

◀ 如左侧插图所示，水母星云中的中子星位于该星云的边缘地带，这一事实足以证明，当年那次最终导致星云、中子星产生的超新星爆发，所产生的威力在不同的方向上存在明显的差异。令人难以理解的是，那颗中子星并不是从星云的中心区域开始向边缘地带移动的，它一直在斜向移动。

为什么人们只有在夜晚才能看到星星？

在美国亚利桑那州弗拉格斯塔夫市附近山顶的夜空中，无数令人叹为观止的恒星共同形成了一个明亮、璀璨的天幕，那里也是国际暗天协会（IDA）所认证的第一个国际暗天社区（IDSC）。1958 年，弗拉格斯塔夫市成为第一个限制使用灯光做广告的城市，正是严格的照明规范使得该城市免受光污染的侵袭，那里的市民才能够享受到璀璨夜空的巨大魅力。实际上，在全球各大城市被人造光污染之前，所有人都能欣赏到最为美丽的夜空。

日复一日的规律

众所周知，地球每 24 小时完成一次自转（围绕地轴的旋转运动），对于我们这颗行星来说，这种旋转从未停歇过。当我们身处白天时，我们所在的这个半球正处在面向太阳的状态；而当我们身处夜晚时，我们所在的这个半球则正处于背向太阳、面向黑暗宇宙空间的状态。

依然是距离的问题

在宇宙中，比太阳更亮的恒星如恒河沙数，然而一个不容忽视的事实是，除了太阳之外，其他恒星距离地球实在是太遥远了，那些恒星所发出

阳与地球之间的距离实在是太近了，因此在白天，它的光芒彻底掩盖住了其他所有恒星相对昏暗的微光。

的光抵达地球时已经无比微弱了。因此在白天，太阳的光芒足以遮盖住所有那些暗淡的恒星。

在夏天的夜晚，人们经常能够看到萤火虫，它们能够像夜空中的星星那样闪烁。在这个时候，如果有人打开一盏明亮的泛光灯，那么萤火虫所发出的光就会立刻消失。与此同理，当我们所处的半球面向太阳，即我们正处在白天的时候，太阳的光芒就会掩盖住其他所有恒星发出的光。

城市"光污染"的影响

住在大城市或其附近的人们，在晚上通常只能看到微弱的星光。这是因为如今的很多城市已经变得非常繁华了，每到夜晚，城市里有太多的人造灯光在干扰我们的视线。科学家们提供的研究报告显示，在美国、加拿大东部的绝大多数地区，在欧洲的某些区域，以及在东亚的某些地区，城市居民通常只能看到极少数亮度最高的恒星，即便是在晴朗、月光暗淡的夜晚，也是如此。实际上，亮度过高的城市灯光会对星光产生影响，这与太阳对恒星光芒的影响如出一辙。简而言之，城市的人造灯光遮住了大多数恒星发出的较为昏暗的光芒，现在人们将这种过度的人造灯光称为光污染。

这是一张由美国国家航空航天局公布的照片。如图所示，越是人口稠密的地方，光污染越严重。在每一座城市内，街道两旁的路灯，以及其他人造灯光所发出的光映入天空，从而共同形成了光污染。可以肯定的是，光污染严重限制了人们在夜空中能够看见的星星数量。

为什么夜空中的星星都是一闪一闪的?

地球大气层造成的错觉

夜空中,星星似乎都在不停地"眨眼睛",然而天文学家们已经证明,这些星星的闪烁是地球大气层的杰作。在国际空间站工作的宇航员都能够看到稳定不变的星光,这是因为在宇宙中,并没有地球大气层干扰那些遥远恒星所发出的光。

除非受到外界的干扰,否则光一直都会以直线传播。地球的大气层是一种多层结构,在绝大多数气层中,空气、尘埃和水蒸气都在进行大量且复杂的运动。可以肯定的是,所有这些不断运动的粒子,肯定会对穿透大气层的微弱星光产生干扰。

为了克服大气层对星光造成的畸变,天文学家们开发出了一种被称为自适应光学的新技术。

稳定、不闪烁的星光

哈勃空间望远镜位于地球大气层之外,因此它可以不受干扰地观测恒星。也正是由于这个原因,由哈勃空间望远镜所拍摄到的恒星图像,要比地球上任何地面天文望远镜所拍摄到的图像都更加清晰,细节也更加丰富。

在位于夏威夷莫纳克亚的凯克天文台里,天文学家们在射向天空的激光束的帮助之下,绘制成了由地球大气层引起的光畸变地图。天文望远镜上的传感器可以测量出地球大气层对于整个激光束的影响,而这些信息也成为天文学家开发出的自适应光学系统的一部分。自适应光学系统能够消除大气层对于光产生的畸变,在该系统的帮助下,地面天文望远镜能够获得更加准确的宇宙信息。

你知道吗?

长蛇座是天球上所有88个星座中最大的一个;而最小的星座,则是南十字座。

实际上，星星不会真的闪烁。地球上的观测者之所以认为星星在闪烁，是因为这些天体所发出的光在穿过地球稠密大气层的过程中，因受到流动气团的影响而发生了弯折。

这是一张由美国国家航空航天局空间实验室拍摄的照片。如图所示，当我们从地球大气层以外观测月亮时，它在黑暗的宇宙空间中就像是一个圆形的光球。

而当我们在地球大气层以内观测月亮时，大气层中的空气、尘埃和水蒸气能够使得月亮反射过来的太阳光发生弯曲。这一效应直接使得月亮看起来似乎稍微扁了一些。

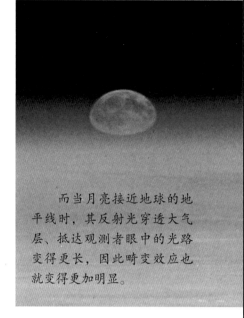

而当月亮接近地球的地平线时，其反射光穿透大气层、抵达观测者眼中的光路变得更长，因此畸变效应也就变得更加明显。

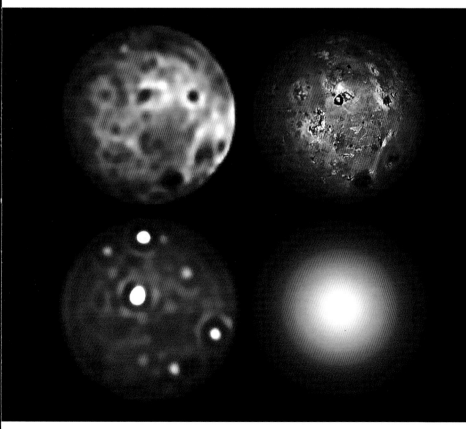

自适应光学系统能够让天文学家们矫正地球大气层对光产生的模糊效应。这组照片的拍摄目标是木星的卫星木卫一（Io），其中的3张是由凯克望远镜所拍摄的。通过对比使用自适应光学系统（右上）、未使用自适应光学系统（左下、右下）所拍摄到的照片，我们可以得出如下结论：使用自适应光学系统拍摄到的木卫一照片，细节更加丰富，几乎与伽利略号木星探测器近距离拍摄到的木卫一照片（左上）不相上下。

恒星的体积有多大？

海山二是一颗巨大的恒星，科学家们坚信，该天体即将迎来超新星爆发。如图所示，海山二正在向宇宙空间喷射大量的气体（被渲染成了蓝色）。

令人咋舌

即便是太阳系中体积最大的行星——木星，其体积都无法与正常的恒星相提并论。具体来说，太阳的直径大约是木星的 10 倍，然而即便如此，天文学家依然将我们的这颗恒星归类为黄矮星—— 一种质量不大、温度也不高的恒星。在浩瀚无垠的宇宙空间中，有太多的恒星远比太阳大得多；某些恒星甚至由于体积过于庞大，以至于天文学家们将它们命名为超巨星。当然，也并非所有恒星都是庞然大物，比如，某些坍缩的恒星，它们的体积甚至比地球还要小得多。

天文学家用来描述恒星大小的单位，是太阳半径（半径＝从球体 / 圆形的中心到其外边缘的距离）。迄今为止，人类所发现的最大的一类红超巨星的半径能够达到太阳半径的 1500 倍。

你知道吗？

牧夫座 α 俗称大角星，它为 1933 年芝加哥世界博览会的开幕之夜提供了照明服务。该届世界博览会的主题为一个世纪的进步。当时，天文学家们用望远镜将大角星所发出的光捕捉到光电管上，随后，光电管便产生出了足以照亮芝加哥世界博览会开幕现场的电能。

恒星大小各异。具体来说，恒星的体积范围，小到远远小于太阳，大到比太阳大几百万倍。

太阳系最大的行星——木星，以及红矮星沃尔夫359，都要比太阳和天狼星（地球夜空中亮度最高的恒星）小很多。

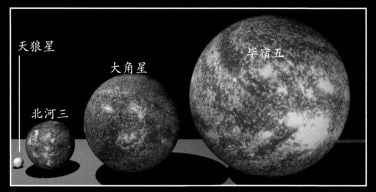

与那些被归类于巨星或超巨星的恒星相比，天狼星要小得多。北河三、大角星、毕宿五是三颗体积差异较大的巨星。

尽管参宿七和心宿二都是超巨星，然而这两个天体的体积差异还是非常大的。

迄今为止人类已知的最大一类恒星，被命名为特超巨星（hyper giants），剑鱼座S、仙王座VV都是特超巨星。通常情况下，特超巨星非常罕见，而且它们也只能闪耀几百万年左右的时间。要知道，太阳可是那种能够闪耀100亿年的恒星。

为什么恒星会发光？

质 - 能转换

绝大多数恒星，都是由一种名为等离子体的类气态物质所组成的。在很多方面，等离子体与气体都非常相似，比如，这类物质都能够流动。然而，等离子体的温度非常之高，其原子已经分裂成为原子核和电子这样的带电粒子。在恒星内部，等离子体的温度能够达到数百万摄氏度，高温、高压的环境使得原子核能够发生相互之间的融合、结合反应，我们将这一类反应称为核聚变反应。当两个原子核发生融合时，其质量的一小部分能够转化成为能量，而这些能量中的一部分将以可见光的形式释放出去。对于包括太阳在内的绝大多数恒星来说，它们的内部会持续不断地进行核聚变反应，这一过程不仅能够产生稳定的可见光，还能产生其他形式的电磁辐射流。

必不可少的阳光

恒星能够释放出七种形式的电磁辐射，可见光是其中之一。太阳所释放出来的能量，大部分都体现为可见光与红外线这两种形式。可见光能够被人类的肉眼所看到，而红外线则能够给我们带来温暖、炽热的感觉。除了可见光之外，人类的肉眼看不到太阳所释放出来的任何一种能量形式。具体来说，除了红外线之外，太阳还能够释放出无线电波、微波、紫外线、X 射线和伽马射线等多种不可见的能量形式（当然，微波这

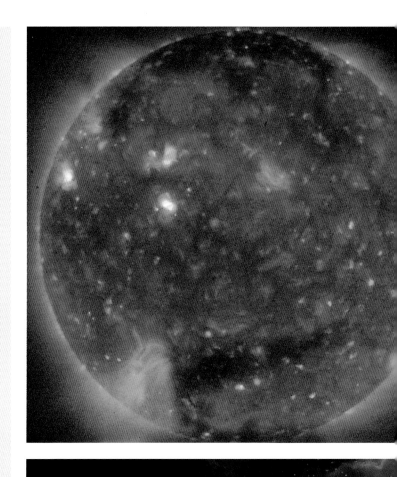

你知道吗？

有些恒星实际上是绿色，甚至是紫色的，然而，我们在地球上却看不到这些颜色的恒星。之所以会有这样的结果，是因为那些绿色、紫色的恒星距离地球实在是过于遥远，以至于我们人类的肉眼无法感知到其光谱中的绿光、紫光等颜色的存在。

恒星之所以能够发光，是因为它们能够释放出巨大的能量。在由恒星
所释放出来的各种能量形式中，可见光是我们能够看到的一种形式。

太阳所释放出来的绝大多数能量，都是由可见光以及另外一种被称为红外线的能量辐射形式所组成的。红外线能够带给我们热的感觉。当然，太阳能够释放出电磁波中所有形式的辐射。

种能量形式被天文学家们认为是无线电波的一种)。每一种电磁波的波长，与其能量的大小直接相关。所谓波长，指的是相邻两个波峰之间的距离。一种电磁辐射的能量越大，其波长越短。举例来说，伽马射线的波长比无线电波更短，因此前者的能量要比后者更大。

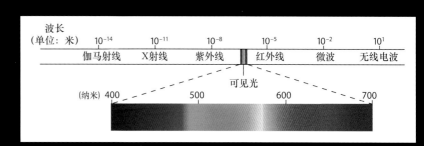

电磁波谱通常分为七个部分，其范围从伽马射线到无线电波。

利用氢元素的核聚变反应，氢弹能够产生巨大的能量。

什么是可见光?

如图所示,美国俄亥俄州的天空中,出现了一种非常罕见的彩虹,我们称之为环地平弧。当大气中的冰晶像棱镜那样将光线色散成为各种颜色时,环地平弧就有可能会出现。

从射线到粒子

曾几何时,人们一度认为可见光是一种从一个人的眼睛传播到另外一个物体,然后又被反射回此人眼睛里的"东西";而某些古代的学者,也曾经描述光以"线"的形式来传播。当然,现在我们已经清楚了,可见光是电磁辐射的一种形式,这种能量以一种类似于电力、磁力的波的形式,在宇宙空间中自由自在地传播。在整个电磁波谱中,人类的肉眼只能看到其中的一小部分;而肉眼看不到的电磁辐射形式,则包括无线电波、紫外线以及X射线等。我们可以根据波长的不同,来对这几种电磁辐射形式进行分类。所谓波长,指的是相

邻两个波峰(高点)之间的距离。

值得关注的是,尽管光具有波的性质,然而科学家们也已经充分证明,光是由一种被称为光子的极小粒子所组成的。与其他粒子不同的是,光子没有质量,它们也不带电。在真空中,光子能够以光的速度运动,其速度约为 29.98 万公里 / 秒。在宇宙当中,没有哪种物质的运动速度,能够比光子的运动速度更快。

色彩斑斓的光

可见光包括紫色、蓝色、绿色、黄色、橙色以及红色,此外还有很多介于前述几种

棱镜可以使通过它的光线发生弯折，并且能够将复色光色散成为单色光，使之看起来像彩虹。棱镜之所以能够将复色光色散成为单色光，是因为同样是通过棱镜，波长较短的蓝色光弯折的程度更大，而波长较长的红色光和黄色光的弯折程度相对比较小。简而言之，在通过棱镜之后，不同颜色的光弯折的程度不同，因此它们才会被色散。

颜色之间的过渡色。当光谱中的所有颜色同时存在时，可见光所表现出来的颜色是白色。所谓光谱，指的是复色光经过色散系统（如棱镜、光栅）分光后，被色散开的单色光按照波长（或者频率）大小而依次排列的图案，其全称为光学频谱。在日常生活中，我们所能看到的所有颜色共同构成了可见光谱。

通过棱镜、特殊形状的玻璃片或者其他能够导致光发生弯折的透明材料，人们可以将复色光色散成为单色光。在自然界中，雨后的彩虹就是色散、分光的产物，因为天空中的雨滴在某种程度上能够起到类似于棱镜的色散、分光的作用。

以激光为实验对象，科学家们已经充分证明，光是同时以波和粒子这两种形式进行传播的。激光产生的光束难以像普通光波那样发生衍射，相反，这种特殊的光束以直线传播，它的这一特质与粒子流非常相似。当然，如果激光光束穿过一个狭窄的细缝的话，那么它也会发生衍射。这一事实证明，光也带有某些波的性质。

恒星内部究竟是怎样的一种情形？

等离子体

恒星内部的温度高得惊人，以至于在那里，任何物质都不可能以固态或液态的形式存在。恒星内部的所有物质，要么是真正意义上的气体，要么就是一种名为等离子体的类气态物质。等离子体的温度非常高，这直接导致其原子已经分裂成为原子核和电子这样的带电粒子。

与太阳内部的情形类似的是，其他恒星也都主要是由氢元素组成的。此外，这些天体内部还含有一定数量的氦元素，以及少量其他的化学元素。在一颗恒星的绝大多数寿命里，核聚变反应都是发生在其核心内部的，在那里，氢元素经由核聚变反应被转变成为氦元素，这个过程能够产生出大量的能量。

由内到外

太阳内部分为多个区域，或者说分为多个层。我们无法看到太阳核心的具体情形，然而通过对其进行整体层面上的分析和研究，科学家们能够以间接的方式来探索太阳核心的秘密。在一颗恒星的内部，其核心是密度最大、温度最高的区域。根

类日恒星通常都是层状结构的，它们大多由很多层组成。以太阳为例，核聚变反应通常发生在其核心内部，那里的温度高达数百万摄氏度。光球层能够产生我们肉眼看见的可见光；此外，太阳黑子也出现在这一层。我们能够在日冕层内看到某些剧烈的恒星活动，这其中就包括太阳耀斑和日珥。值得关注的是，这一类剧烈的太阳活动，甚至会影响到地球上的天气和电力系统。

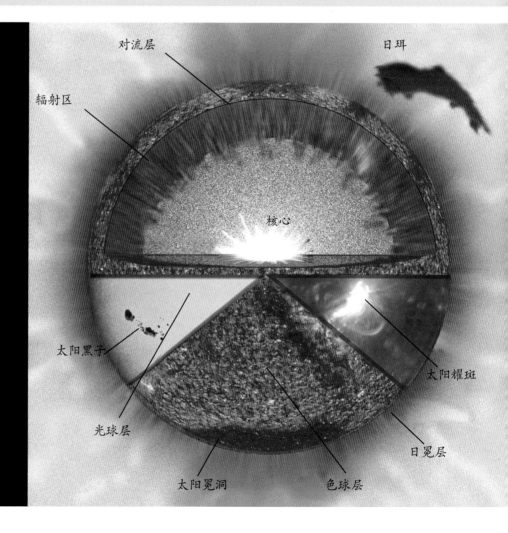

对流层　日珥　辐射区　核心　太阳黑子　光球层　太阳冕洞　色球层　日冕层　太阳耀斑

在一个等离子球体中，电流被用来在球体内部产生磁场；而正是在磁场的作用下，某种惰性（非活性）气体方才能够变成等离子体。在恒星内部，有很多类气态的等离子体物质存在。

据科学家们的估计，太阳核心的密度能够达到铅的两倍，温度则能够达到数百万摄氏度。在太阳核心外部，紧邻核心的是辐射区，可见光以及其他形式的电磁辐射将穿过这个高密度、高温的区域。

辐射区外面的一层是对流层，这一层能够一直延伸到太阳的外表面。值得一提的是，太阳的表面温度要比其核心温度低得多。而对流层以外，就是太阳的大气层，这里的温度要远高于对流层。时至今日，科学家们依然无法完美地解释太阳内部各层之间密度和温度迥异，甚至可以说是天差地别这一谜团。当然，某些科学家认为，太阳之所以呈现出这样的特征，是因为它受到了自身磁场的巨大影响。

恒星与恒星并非是绝对相同的，它们之间还是存在着某些差异。举例来说，某些体型巨大的恒星的内部结构要比太阳复杂得多，这一类天体内部的层数更多，表面特征也更令人难以捉摸。实际上，直到近年来，科学家们才刚刚开始进行相关研究，以了解这些巨型恒星与太阳之间的区别，以及它们的进化历程。

恒星是如何进行化学反应的?

从氢元素开始

所谓化学元素,指的是仅由一种原子组成的物质。在常温和常压的条件下,原子是化学反应中的最小粒子。在宇宙中,化学元素是所有物质的基石。在所有化学元素中,氢元素是结构最为简单的一个,其原子核中有一个质子(带正电荷的粒子),原子核之外则有一个电子(带负电荷的粒子)与之相联系。由于氢元素的原子核中只有一个质子存在,因此它是所有化学元素中质量最小的一个。

在早期宇宙中,大多数天体都是由氢气组成的,在那之后,恒星方才逐渐开始形成。在恒星的核心内部,核聚变反应燃烧氢元素并形成原子量稍大的氦元素。数百万年之后,氢元素逐渐消耗殆尽,紧接着,核聚变反应开始燃烧氦元素,并且继续形成原子量更大的化学元素。所有的恒星,其内部的主要成分都会经历从氢元素到氦元素的转变,这样的转变过程,随着时间的推移而持续进行,直至恒星接近其寿命的尾声阶段。

如图所示,在大麦哲伦星云中,一个富含铁元素的超新星爆发遗骸(本图左上区域),似乎与另外一个极度缺乏化学元素的残骸发生了碰撞。值得一提的是,在宇宙中,科学家们发现的所有原子量比较大的化学元素,例如金元素、铀元素,都是在这一类恒星爆炸的过程中产生的。

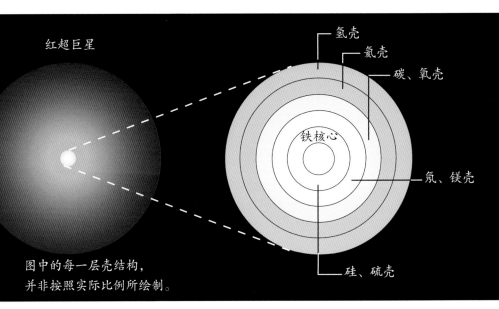

所谓核聚变反应,是两个相同原子核结合,形成另外一个更大原子核的过程。一颗巨大的恒星,就是通过核聚变反应来创造出化学元素的。在恒星核心的最外层,氢原子核融合、并且形成了氦原子核;而在接下来的一层里,氦原子核又融合、形成了碳原子核以及氧原子核。越靠近恒星核心的中心位置,核聚变反应所能创造出来的化学元素的原子量就越大,最终那里还会形成铁元素。

红超巨星

图中的每一层壳结构,并非按照实际比例所绘制。

氢壳
氦壳
碳、氧壳
铁核心
氖、镁壳
硅、硫壳

化学元素是由恒心核心内部的原子结合形成的。至于那些原子量更大的化学元素，则是在超新星爆发的过程中形成的。

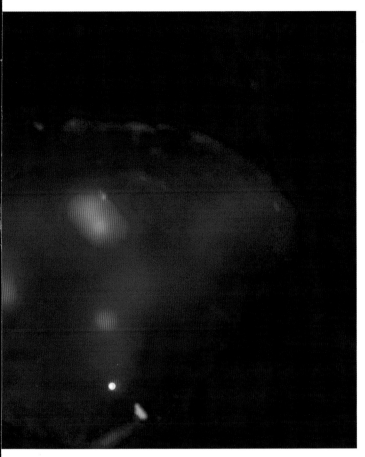

当一颗恒星迎来其超新星爆发时，它将自己之前所形成的原子量较大的化学元素抛向宇宙空间。超新星爆发所产生出来的冲击波，能够在尘埃和气体云中利用这些化学元素来形成新恒星。

随着形成化学元素原子量的逐渐增加，恒星消耗燃料的速度也将变得越来越快。对于一颗质量相当于太阳25倍的红超巨星来说，它融合氦元素所需要的时间大约为70万年，融合碳元素所需的时间大约为1000年，融合氖元素的时间大约为9个月，融合氧元素的时间大约为4个月，融合硅元素的时间则只需要1天左右。当恒星核心内的所有硅元素都融合成为铁元素之后，这颗恒星的悲剧性命运也就确定了——这是因为，融合铁元素的过程只能消耗能量、而无法产生能量，因此该恒星将不可避免地向中心坍缩。

生产化学元素的工厂

随着恒星年龄的增长，它们将会开始融合原子量越来越大的化学元素。在一段相当漫长的时间过后，恒星开始融合氦元素，以便制造碳元素、氧元素、氖元素和硅元素。超巨星堪称是生产更大原子量化学元素的工厂，这一类天体甚至能够出产金、铅、汞这样的重金属元素。在自身寿命的尽头，超巨星将会发生剧烈爆炸，从而产生出更多原子量更大的化学元素，并且将它们抛向宇宙空间。更加重要的是，超新星爆发还极大地丰富了星际气体云的组成成分，而星际气体云则是接下来新恒星、行星得以形成的场所。实际上，组成我们这颗行星的绝大部分化学元素，都起源于超新星爆发。

湍急的表面

包括太阳在内，恒星的表面都是不光滑的，而且也极为不平静，各式各样的干扰时有发生。在所有的干扰类型中，太阳黑子是比较常见的一类。所谓太阳黑子，指的是太阳表面一些较暗的区域，那里的磁场强度非常大。太阳黑子之所以看起来很黑，是因为该区域的温度要比太阳其他可见表面的温度更低。至于太阳黑子的磁场强度，则能够达到太阳或者地球平均磁场强度的 3000 倍。

类日恒星的大气层

类日恒星都有自己的大气层，在此类恒星中，大气层是一个从其表面延伸到外边缘的层状结构。类日恒星的大气层非常活跃，甚至可以说非常暴烈。

太阳大气层的最内层被命名为光球层。在地球上，人类肉眼所能看到的可见光，正是由太阳的光球层发出来的。在光球层的外部是色球层，这一层的温度，要比其内部的光球层高得多。太阳大气层最外一层为日冕层，这里是太阳大气层中温度最高的所在。日冕层的温度高到能够不断地向其外部的宇宙空间释放气体流，并且发射出高能粒子。这一类进入到宇宙空间的日冕气体流，被天文学家命名为太阳风。

太阳风暴

在类日恒星的大气层中，有可能会发生几种类型的风暴，包括耀斑、日冕环流以及日冕物质抛射。所谓日冕物质抛射，是指那些带电的等离子体被太阳从日冕层抛射向宇宙空间。这些高能粒子拥有堪比十亿枚氢弹的巨大能量。所有的太阳风暴类型，

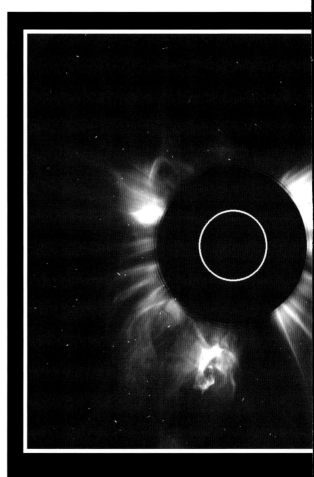

▼ 如图所示，那一大片太阳黑子的面积，是地球表面积的 13 倍。太阳黑子之所以会比其他区域显得更暗一些，是因为该区域的温度比可见的太阳表面温度更低。

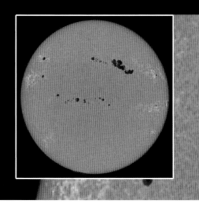

太阳或类日恒星的表面和大气层都非常活跃，它们通常都拥有一些可变的特征，比如太阳黑子以及太阳耀斑。

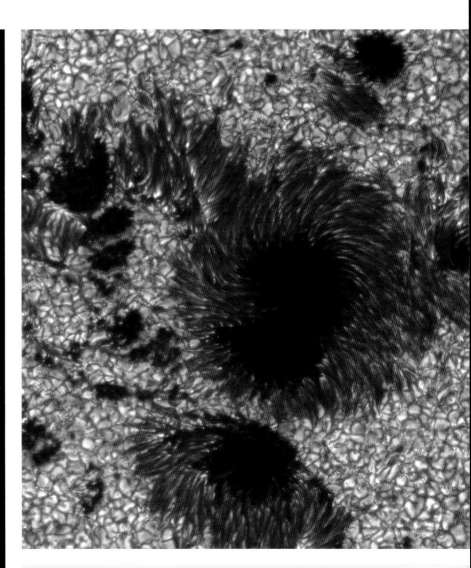

如左图所示，在所谓日冕物质抛射的风暴中，带电粒子将以每小时数百万公里的速度被太阳射向宇宙空间。值得一提的是，本图中来自于太阳中心部分的光，被一台名叫"日冕观测仪"的设备阻挡住了，如此一来，天文学家就能够观测到太阳外层的大量细节了。

太阳黑子（右图）是太阳表面的扰动，天文学家们公认，太阳黑子与太阳的磁场有关。

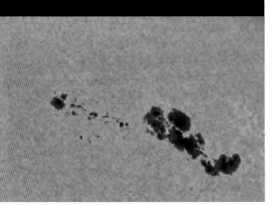

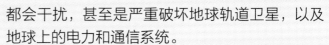

都会干扰，甚至是严重破坏地球轨道卫星，以及地球上的电力和通信系统。

那些质量与太阳相类似的恒星，都有可能经历类似的扰动。至于质量相对较小的恒星，其大气层的扰动程度也相应地比较低；而质量较大的恒星，其大气层扰动的程度则要比类日恒星更为剧烈。

超新星爆发——
发生在过去的恒星大爆炸

所谓超新星爆发，就是一颗大质量恒星发生爆炸的过程。在从宇宙空间中彻底消失之前，超新星爆发的亮度，能够达到太阳亮度的数十亿倍。在最为明亮的阶段，超新星爆发的亮度，甚至比整个星系还要亮很多。在超新星爆发的过程中，一大团气体以极快的速度被抛向了宇宙空间，这一过程所排出的物质质量，有可能超过太阳质量的10倍。绝大多数超新星爆发，都会在一至三周内达到其峰值亮度，并维持数月的时间。科学家们坚信类似于金元素和铀元素这样原子量较大的化学元素，都是在超新星爆发的过程中形成的。另外，通过观测超新星爆发，科学家们还能了解恒星的演化过程。

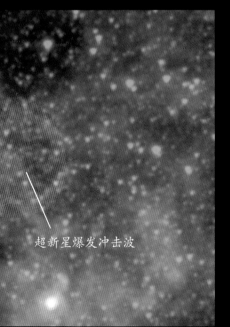

超新星爆发冲击波

在一张由钱德拉 X 射线天文台所得到的伪色图中，那团被渲染成为粉红色的炽热气体云，是Ⅱ型超新星爆发所留下的遗骸，或者说是核心坍缩的超新星。这一类型的超新星爆发，通常发生在一颗超大质量恒星耗尽其核心内部的所有燃料，并且开始发生坍缩之后。在超大质量恒星的核心发生坍缩时，其核心内部突然释放出来的巨大能量会最终导致该恒星发生爆炸。

Ia 型超新星爆发通常也被称为热核爆炸型超新星爆发，这一类的恒星爆炸出现在某些包括白矮星（体积较小、密度很大）的双星系统中。左图是一幅由艺术家创作的插图，如图所示，如果这一类双星系统中的两颗恒星距离足够近的话，那么那颗白矮星的巨大引力场，将会缓慢地从其伴星那里"掠夺"物质。随着时间的推移，物质在白矮星上越积越多，最终在其核心引发了大规模的核聚变反应。这一类反应将会释放出巨大的能量，最终导致该白矮星发生超新星爆发。

天文学家们坚信右图中的第谷超新星遗迹，是在 1572 年观测到的一次 Ia 型超新星爆发所留下的残骸。由于该残骸是由丹麦天文学家第谷·布拉赫发现并描述的，因此它被命名为第谷超新星。值得一提的是，该超新星爆发的亮度是如此之高，以至于在长达两个多星期的时间内，人们在白天都能够看到它的光芒。本图是一张合成图，它是由钱德拉 X 射线天文台、斯皮策空间望远镜、西班牙卡拉阿托天文台所拍摄到的照片合成的。

恒星的亮度有多高？

没有最亮，只有更亮

即便是在晴朗的夜晚，星星的亮度总的来说也是比较微弱的。不过只要仰望夜空，你就能够轻而易举地发现，总是会有一些星星要比其他星星更加明亮。用来区分恒星亮度的天文学术语是星等；而当描述地球夜空中所能看到的恒星亮度时，科学家们又引入了视星等这样一个概念，在这里，"视"的意思是看起来。

关键词：能量和距离

一颗恒星在地球上所表现出来的亮度，直接取决于两方面的因素。首先是该恒星自身的实际亮度，即恒星所能释放出的光能量；其次则是该恒星到地球的距离，这同样是一个重要的影响因素。要知道，一颗自身亮度不高但距离地球更近的恒星，看起来会比某些自身亮度极高但距离地球极为遥远的恒星更加明亮。举例来说，在某位地球上的观测者看来，半人马座 α 星 A 似乎要比另外一颗名为参宿七的恒星略微亮一些，然而实际上，前者所释放出的光能量，只有后者的十万分之一。之所以半人

巨蛇座南星团是由明亮的新生恒星组成的星团之一，这些恒星通过相互之间的引力作用聚集在了一起。

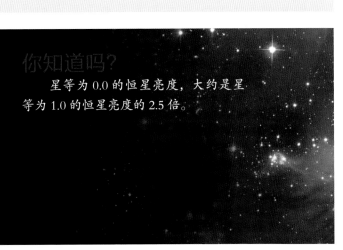

你知道吗？

星等为 0.0 的恒星亮度，大约是星等为 1.0 的恒星亮度的 2.5 倍。

正如人们在地球夜空中所看到的那样，星星之间的亮度是各不相同的。
天文学家用视星等这一概念，来代表恒星从地球上看到的亮度。

天狼星 A（也即大犬座 α）是地球夜空中亮度最高的恒星。具体来说，天狼星 A 所发出的光几乎能够达到太阳光的 30 倍。

马座 α 星 A 看起来要更加明亮一些，最重要的原因就是它距离地球仅有 4.4 光年，而参宿七距离地球则有 863 光年，两者与地球的距离相差高达 200 倍。

在古代，某些观测者坚定地认为，夜空是围绕地球进行转动的一个空心球体；至于恒星，则像是天花板上的射灯那样，镶嵌在夜空这个空心球体中。后来，天文学家们逐渐意识到，天空中并不存在那样的结构，而恒星与地球之间的距离也是有远有近，区别极大。更加重要的是，科学家们已经清楚地知道，从地球上看某颗恒星的亮度，与观测者从宇宙空间中其他某个地点看到的该恒星的亮度，是截然不同的。也正是由于这个原因，科学家们方才引入了视星等这样一个天文学概念，以专门表示从地球上看到的恒星亮度。

从地球上看到的 10 颗亮度最高的恒星

常用名	学名	与地球之间的距离（光年）	视星等	绝对星等	光谱类型
1. 太阳	太阳	0.000 02	−26.72	4.8	G2V
2. 天狼星 [1]	大犬座 α	8.6	−1.46	1.5	A1V
3. 老人星	船底座 α	309	−0.72	−5.5	A9 Ⅱ
4. 南门二 [2]	半人马座 α	4.4	−0.27	4.4	G2V
5. 大角星	牧夫座 α	37	−0.04	−0.2	K2 Ⅲ
6. 织女星	天琴座 α	25	0.03	0.6	A0Va
7. 五车二 [1]	御夫座 α	42	0.08	0.2	G3 Ⅲ
8. 参宿七 [2]	猎户座 β	863	0.18	−6.9	B8Iab
9. 南河三 [1]	小犬座 α	11.5	0.38	2.6	F5IV−V
10. 水委一	波江座 α	144	0.46	−2.8	B6Vpe

[1]——双星系统；[2]——三星系统。

视星等

视星等这个天文学术语，描述了在地球上看到的恒星亮度。然而值得关注的是，恒星的实际亮度与我们看到的亮度是截然不同的。从地球上来看，太阳是无比明亮的，这主要是因为，太阳是距离地球最近的恒星。现在我们都已经清楚地知道，太阳并非是一颗亮度非常高的恒星。距离是影响恒星视星等的一个非常重要的因素；当然，恒星本身的亮度也非常重要，具体来说，恒星的亮度指的是它发出（释放出）可见光等所有形式能量的速率。

绝对星等

为了排除距离这一重要因素的影响，而直接专注于恒星自身的亮度，天文学家们又引入了绝对星等这样一个概念。绝对星等直接取决于恒星自身的亮度。为了确定一颗恒星的绝对星等，天文学家必须要计算出所有恒星在与地球同等距离情况下的亮度。这个距离，被人为地设定为 32.6 光年。

绝对星等的计算

在天文学家用来描述天体绝对星等的标度体系中，某颗恒星或者行星的亮度越高，它们的绝对星等数值就越低。在地球的夜空中，亮度最高的恒星是天狼星，其绝对星等为 1.45。太阳的绝对星等为 4.80，这表明它的绝对亮度要低于天狼星。通过使用大型的地面太空望远镜，天文学家能够观测到绝对星等为 25 的恒星。值得一提的是，绝对星等这一衡量天体亮度的标度体系，源于公元前 125 年古希腊天文学家希帕克所取得的工作成果。

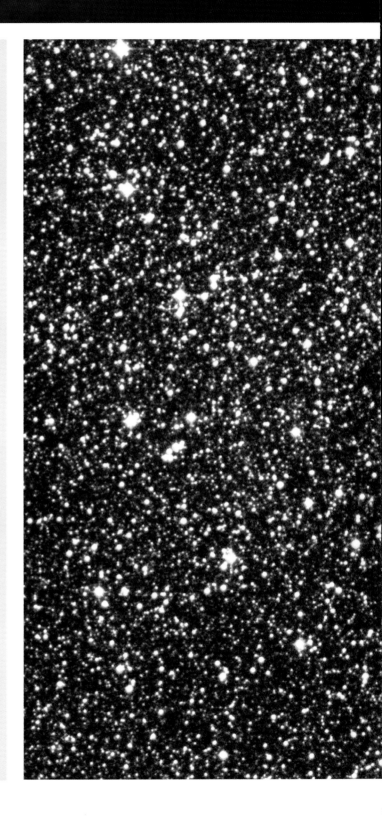

恒星自身真实的亮度，与观测者在地球上所看到的恒星亮度，是截然不同的。

比邻星（下图中箭头所示位置）是距离太阳最近的恒星，两者之间的距离为4.22光年。比邻星比太阳小得多，其亮度也只有太阳的万分之一。由于比邻星的亮度非常低，因此科学家们只有通过天文望远镜才能看到它。

在大约公元前125年，古希腊天文学家希帕克便已经根据恒星的亮度对它们进行分类了。当时，希帕克所取得的工作成就，是现代天文学家使用的星等标度的根基。所谓星等，是指从地球上看到的恒星的亮度。

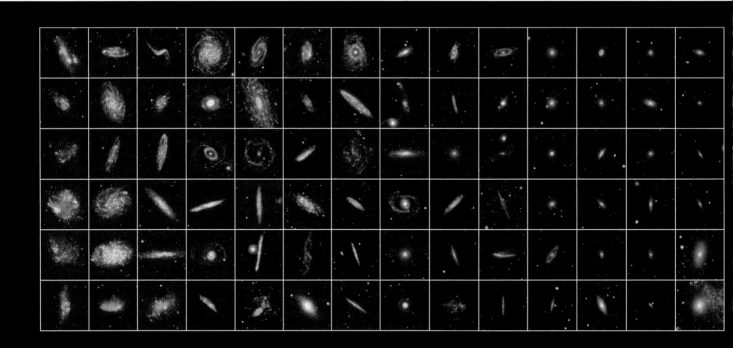

我们可以通过星系的颜色来计算它的大概年龄。相对而言，年轻的恒星往往表面温度都比较高，因此由这一类恒星所组成的星系往往呈现出蓝色（如上图左半部分）；而年龄比较大的恒星，其表面温度通常都比较低，因此相对而言，由这一类恒星所组成的星系往往呈现出更红的颜色（如上图右半部分）。

不同的温标

在描述恒星以及宇宙其他区域的极高温度时，科学家们通常使用开尔文温标。在此温标下，0开（K）代表绝对零度。理论上，绝对零度是宇宙中所能出现的最低温度，它等于 -459.67 华氏度（℉）或 -273.15 摄氏度（℃）（通常情况下，在读取开尔文温标下的温度时，不能使用"度"这个词，也不能使用代表度的符号"°"）。值得一提的是，开尔文温标下单位温度增量，与摄氏温标下单位温度增量完全相等。因此，在开尔文温标下，冰的熔点是273.15K（即0℃）。

你知道吗？

地核的温度有可能会比太阳的表面温度还要高。当然，太阳核心的温度，要比地球核心温度高出数百倍。

总的来说，所有恒星的温度都是非常高的。然而尽管如此，恒星之间也依然存在着巨大的温度差异，特别是表面温度更是如此。恒星的核心是发生核聚变反应的场所，那里是恒星内部温度最高的区域。

红巨星的表面温度为 2200~4800K；而黄矮星（比如说太阳）的表面温度，则在 5600~6200K 之间。蓝色恒星的表面温度要比红巨星和黄矮星高得多，这一类天体的表面温度有可能高达 5 万 K。太阳的核心温度超过 1500 万 K，这个数字大约相当于 2700 万℉，或者 1500 万℃。

宇宙中是否存在温度上限？

绝对零度是理论上宇宙中可能达到的最低温度。既然宇宙中的低温存在其极限值，那么高温是否也存在这样一个终极数字呢？科学家们明确表示，理论上，宇宙中的温度是没有上限的。举例来说，某些恒星的核心温度有可能会高达 2 亿 K。科学家们还指出，在一颗红超巨星迎来剧烈的超新星爆发之前，其温度甚至会超过 10 亿 K。

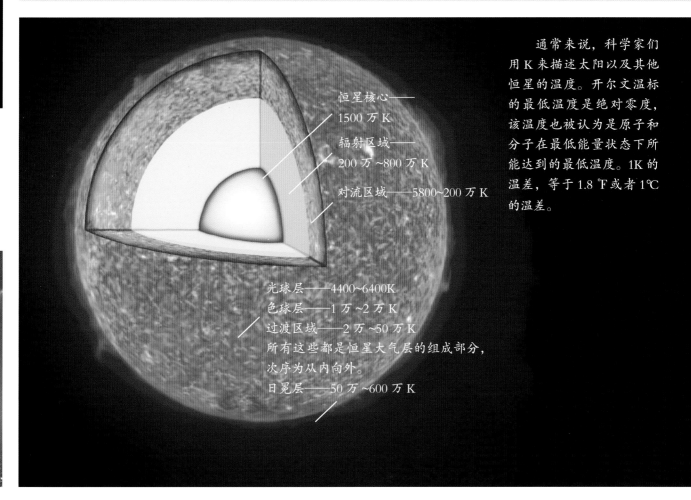

恒星核心——1500 万 K
辐射区域——200 万~800 万 K
对流区域——5800~200 万 K

光球层——4400~6400K
色球层——1 万~2 万 K
过渡区域——2 万~50 万 K
所有这些都是恒星大气层的组成部分，次序为从内向外。
日冕层——50 万~600 万 K

通常来说，科学家们用 K 来描述太阳以及其他恒星的温度。开尔文温标的最低温度是绝对零度，该温度也被认为是原子和分子在最低能量状态下所能达到的最低温度。1K 的温差，等于 1.8 ℉或者 1℃的温差。

为什么不同的恒星会呈现出不同的颜色？

颜色各异

在一个晴朗的、月光昏暗的夜晚，天空中会闪烁着成千上万颗星星。在大多数人看来，漫天的星星都是白色的，仿佛黑暗夜空中的点缀。不过，某些细心的观测者却看到了一些不同寻常的内容。比如，夜空中星星的颜色不尽相同。实际上，恒星之所以会发出颜色各不相同的光芒，是因为它们的表面温度存在着巨大的差异。

通常来说，暗红色恒星的表面温度，大约为2500K（约2200℃）；亮红色恒星的表面温度大约为3500K（约3200℃）；而包括太阳在内的黄色恒星的表面温度，大约为5500K（约5200℃）；至于蓝色恒星的表面温度，则在1万至5万K（9700~49700℃）之间。

仅凭肉眼的观测，人类会想当然地认为恒星都是单一颜色的。然而事实却是，恒星发出的都是复色光，实际上，它们释放出的是广谱（波段）的电磁辐射。举例来说，太阳看起来是黄色的，然而通过棱镜，我们可以将太阳光色散成为多种颜色的光。可见光谱包括彩虹呈现出来的所有颜色，其范围从波长最长的红色，到波长最短的紫色。

半人马座欧米伽星团的核心地带拥挤不堪，那里存在着各种颜色的很多恒星。总的来看，位于半人马座欧米伽星团核心地带的恒星，大多数都是黄色或者是橙色的，这表明那些恒星都处于各自寿命的中间阶段。那些红色的恒星，则极有可能已经接近它们寿命的尾声阶段了，而最年轻的恒星则呈蓝色，它们也是该星团中温度最高的恒星。

恒星之所以呈现出各不相同的颜色，是因为它们的表面温度各不相同。

从黄矮星到红巨星

恒星也并非是亘古不变的，随着年龄的增长，它们也会发生改变。比如，到了自身寿命的尾声阶段，太阳将会耗尽其内部的所有氢元素，随后会大幅度膨胀，并且变成一颗红巨星。这一颜色的变化，也是由于太阳表面温度发生了改变。通常来说，较小的恒星在单位表面积上往往能够释放出相对更高的能量，这是因为它们的表面积相对而言比较小；而当一颗"垂死"的恒星开始膨胀时，它释放出的能量有可能与小恒星释放出的能量相当。然而值得关注的是，这些释放的能量要分布到更大的表面积上，因此其表面温度会降低。也正是由于这一原因，该天体所发出的光的颜色才会从黄色变成红色。

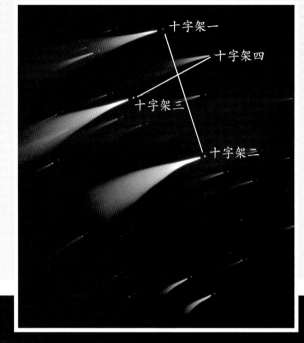

上图是组成南十字星座的几颗恒星的实际颜色，它们在一张延时照片中显得格外醒目。

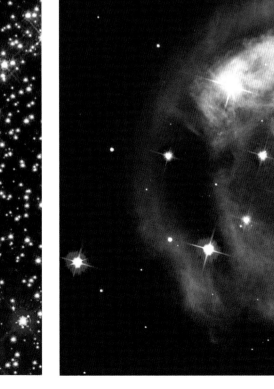

麒麟座 V838 是一颗红巨星。2002 年，该恒星的亮度先是突然增加，随后又逐渐暗淡下去。在这个亮度的变化过程结束之后，如左图所示，尘埃云周围尘埃层中的余晖（即所谓的回光），以极快的速度远离红巨星麒麟座 V838 而去。

55

远古时代关于星星的传说故事

伟大的天空猎手

远古时代的人们创作出了大量有关神祇的神话传说和故事，而其中有相当一部分都与星座有关。对于那些生活在古希腊的人们来说，冬日的夜晚，从南方地平线上升起来的壮美星座，看起来就像是一位强大的"猎手"。因此，古希腊人将这位"猎手"命名为猎户座。

在晴朗的夜晚，观星者能够轻而易举地找到猎户座的"身体""腰带""宝剑""高举棍棒的右臂"，以及"抬起的左手中紧握着的猎弓"；至于红巨星参宿四，则形成了猎户座的"右肩"。猎户座的"脚边"是大犬座，或许它正是猎手最

人类已知的现存最为古老星座图形记录，是意大利法尔内塞家族收藏的一尊阿特拉斯雕塑，它的历史可以追溯到公元 150 年，其背后是一个为古希腊人和古罗马人所熟知的神话传说。该雕塑所描绘的，是阿特拉斯在被宙斯宣判之后，不得不托起天地的情形，他也正是希腊神话中的"擎天神"。雕塑中的球体，显示了大约公元前 125 年时天空中星座的位置。一些科学家们认为，那些星座的信息几乎复制了失传已久的星表（列出恒星的天文学目录），该星表是由古希腊天文学家希帕克（约公元前 190 年—约公元前 125 年）制作而成的。

下图是一幅创作于 19 世纪的版画，该画作所反映的，是古代天文学家托勒密在埃及亚历山大地区观测天空的情形。

为忠实的猎犬。地球夜空中最为明亮的恒星——天狼星，就位于大犬座的中心位置附近。从形态上来看，猎户座似乎在攻击金牛座，也像是在追逐昴星团——一个紧邻金牛座的星团。

古希腊的文学家和作家们创作了一则有关于猎户座的神话传说。很久以前，海神波塞冬的儿子奥赖温爱上了阿尔忒弥斯，后者是众神之王宙斯以及泰坦女神勒托的女儿，同时她也是月神和狩猎女神。为了赢得阿尔忒弥斯的欢心，奥赖温吹嘘自己能够杀掉地球上的所有动物。由于阿尔忒弥斯本身就是狩猎女神，因此奥赖温这种自吹自擂令她非常烦恼。

为了敲打奥赖温，阿尔忒弥斯与自己的母亲勒托共同派出了一只巨大的蝎子，最终这只蝎子杀死了奥赖温。为了奖励蝎子，宙斯把它安置在了天空上，即现在夜空中的天蝎座。与此同时，为了警告世人不要自吹自擂，宙斯也将奥赖温安置在了天空中，也即现在夜空中的猎户座。从那儿以后，奥赖温（猎户座）每时每刻都要提高警惕，因为那只蝎子（天蝎座）也和他一道存在于群星中。

美洲土著关于星星的传说故事

很久以前，奥内达加族人（北美印第安人）就已经生活在现如今的纽约州手指湖沿岸地区，他们要比来自于荷兰、英国以及其他欧洲国家的定居者更早地生活在那里。奥内达加族人仰望夜空，并且创造出了很多有关天体的神话传说。昴星团是由一组明亮的恒星所组成的星团，在夜空中它位于猎户座和金牛座的东侧。很多观星者认为，他们能够看到昴星团中的七颗恒星，实际上，该星团所拥有的恒星数目绝对不仅限于此。值得一提的是，奥内达加族人创作了一则神话传说故事，试图解释昴星团的起源。

悲剧性的传说故事

很久以前的一个秋天，一队奥内达加族人在一个美丽的林中湖畔旁边安营扎寨。在屋舍建成之后，天气逐渐变冷，因此孩子们无法下湖游泳嬉戏了。百无聊赖之际，孩子们开始在湖边的一片空地上载歌载舞。可他们这一跳，就再也没能停下来。

天色渐晚，孩子们的父母叫他们回家休息，然而这些孩子置若罔闻。不久以后，族中满头银发、身披耀眼白色羽毛斗篷的长者出现在了孩子们面前，他声色俱厉地警告孩子们"赶紧停下来"，因为"如果你们继续这样跳下去的话，灾祸就会降临到你们身上"。

可那些孩子们已经无法停止跳舞了，因为他们跳的时间太久了，节奏也越来越快，他们已经彻底沉沦于其中了。随着孩子们的舞蹈节奏越来越快，他们开始升上天空。虽然家长们都纷纷惊恐地呼唤着孩子们的名字，然而一切都已经太晚了。最终，那些跳舞的孩子们一路升上了天堂，他们就是昴星团中那七颗闪亮的恒星。

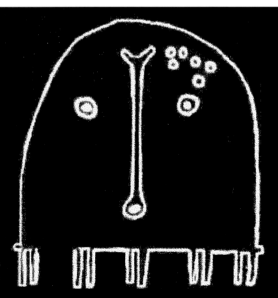

纳瓦霍人是一个北美洲的土著部落，也是美国最大的印第安部落。纳瓦霍人给昴星团（即七姐妹星团）起名为弗林特男孩。根据纳瓦霍人的信仰，在我们这个世界形成之前，火焰之神"黑神"便已经来到了第一批人类的身边。黑神来到人类开会的地点时，所有人都注意到了他脚踝上戴着的一串水晶。黑神在会议地点来回踱步，随后踩了踩脚，接下来水晶便跳上了他的膝盖；黑神再次踩脚，水晶跳到了他的臀部。对于黑神能够控制水晶的这种表现，人们感到非常开心。然后黑神第三次踩脚，水晶又跳上了他的肩膀；第四次踩脚，水晶跳进了他的太阳穴。人们问黑神："那个水晶是什么？"黑神回答："水晶是星星。"

这是澳大利亚库林盖猎场艾尔维娜轨道雕刻点的一尊鸸鹋石刻（右图下部），它反映了叠加在夜空中银河系内的"鸸鹋飞天"的土著星座形象。

古代中国关于星星的传说故事

中国拥有悠久的历史文化，在长达数千年的时间里，古代中国人一直都在观测着星空。古代的中国人还创作出了一段神话故事，主人公是一对不幸的年轻夫妇。这则神话故事涉及3颗明亮的恒星，它们就是夏季高悬于晴朗夜空中的牛郎星（即牵牛星）、织女星和天津四。值得关注的是，这3颗恒星要么处在银河中，要么就紧邻银河，它们共同组成了一个三角形，人们据此将其称为夏季大三角。

很久以前，牛郎与老牛相依为命。一天，老牛让牛郎去树林边，并告诉他，他会看到一位仙女，名叫织女，仙女还会和他成亲。牛郎和织女成亲后，男耕女织，情深义重，并有了一男一女两个孩子，一家人生活得很幸福。

可惜好景不长，这件事很快便让天帝知道，王母娘娘亲自下凡，强行把织女带回天上。牛郎上天无路，还是老牛告诉他，在它死后，用它的皮做成鞋，穿着就可以上天。

你知道吗？

我们人类躯体中含有的化学元素，与那些组成恒星的化学元素完全相同。

在中国神话中，织女和牛郎被夜空中的银河分隔在两岸。

牛郎按照老牛的话做了，穿上牛皮做的鞋，拉着儿女，一起腾云驾雾上天去追织女。眼见就要追到了，王母娘娘却拔下头上的金簪一挥，一道波涛汹涌的天河就出现了，牛郎和织女被隔在两岸，只能相对哭泣流泪。这条"天河"，就是我们能够在晴朗夜空中看到的银河系。

不过，这个神话故事并非一个彻头彻尾的悲剧。牛郎和织女的故事感动了喜鹊，每到农历七月初七这天，千万只喜鹊会飞来用它们的翅膀搭成一座横跨天河的桥梁，让牛郎和织女相会。在这个神话故事中，现在被我们称为天津四的明亮恒星，就是千万只喜鹊中的一只。

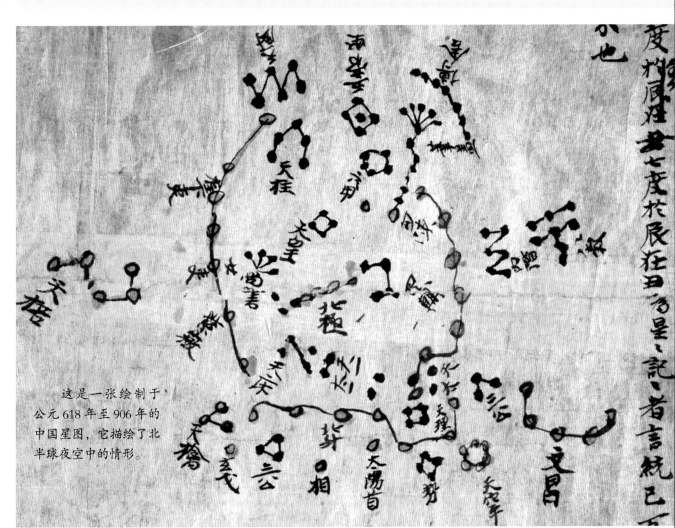

这是一张绘制于公元618年至906年的中国星图，它描绘了北半球夜空中的情形。

《璀璨的银河》

《黑洞及类星体》

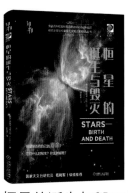

《恒星的诞生与毁灭》

《恒星的故事》

《漫游星系》

《神秘的宇宙》

《探寻系外行星》

《遥望宇宙：地面天文台》

《宇宙穿越之旅》

《宇宙瞭望者：空间天文台》